"文化旅游:绍兴故事新编"丛书

绍兴名茶

朱文斌　何俊杰 主编

余晓栋　丁晓洋　张书娟 副主编

浙江工商大学出版社
ZHEJIANG GONGSHANG UNIVERSITY PRESS
·杭州·

图书在版编目(CIP)数据

绍兴名茶 / 朱文斌,何俊杰主编. — 杭州:浙江工商大学出版社,2023.3
("文化旅游:绍兴故事新编"丛书;2)
ISBN 978-7-5178-4814-1

Ⅰ.①绍… Ⅱ.①朱… ②何… Ⅲ.①茶叶—介绍—绍兴 Ⅳ.①TS272.5

中国版本图书馆CIP数据核字(2022)第010064号

绍兴名茶
SHAOXING MING CHA

朱文斌　何俊杰　主编

出 品 人	郑英龙
策划编辑	任晓燕
责任编辑	沈明珠
责任校对	韩新严
封面设计	屈　皓　马圣燕
责任印制	包建辉
出版发行	浙江工商大学出版社 (杭州市教工路198号　邮政编码310012) (E-mail: zjgsupress@163.com) (网址: http://www.zjgsupress.com) 电话:0571-88904980,88831806(传真)
排　　版	杭州彩地电脑图文有限公司
印　　刷	杭州宏雅印刷有限公司
开　　本	880 mm × 1230 mm　1/32
印　　张	44
字　　数	460千
版 印 次	2023年3月第1版　2023年3月第1次印刷
书　　号	ISBN 978-7-5178-4814-1
定　　价	228.00元(全9册)

"文化旅游：绍兴故事新编"丛书编委会

序言。

　　文旅融合、重塑城市文化体系，核心是激活、转化、创新文化资源与文旅产业，形成色彩斑斓、各具特色、生动活泼的文化旅游大格局，而讲好绍兴故事、传播好绍兴声音必然意义非凡。

　　由浙江越秀外国语学院、浙江传媒学院组织编纂的这套"文化旅游：绍兴故事新编"，是面向广大青少年和游客的系列普及丛书。书中通过民间故事、历史逸事、神话传说等角度取材编写，系统地向大家介绍了与绍兴有关的越中名人、历史文化、名川大山、江河湖泊、千年古桥、黄酒、越茶名寺、古镇古村、名楼名阁等九大方面故事，从

多种维度书写了绍兴城市独特的历史芳华，浓缩了古越大地的千年文脉意象，使之成了为广大青少年和来绍兴的游客解码绍兴城市历史文脉的一把钥匙和引领他们漫溯古越文化的一艘时光乌篷。

丛书中的故事通俗易懂、情节跌宕起伏、语言优美生动，既有历史的维度，又有文化的内涵，每个专题在用多个故事还原绍兴历史文化的同时，对绍兴大地的风物、地

貌、人文、历史等方面都进行了故事性的直观描述和清晰解读。在这本书里，绍兴已不仅仅是一个停留在人们头脑里的地域性存在和耳朵中听闻的故事叙述的空间，而是变成了一个向广大青少年和游客诠释、展示和输送绍兴整座城市精神、气质、品格的重要平台。我想，这部丛书的出版对于广大青少年和游客应该可以产生三个层面的积极影响：

一是使广大年轻人更加了解绍兴故事和感知绍兴文化。丛书中大量吸引人、感染人的故事情节和故事事实，可以使年轻人更加了解素称"文物之邦、鱼米之乡"的绍兴是"山有金木鸟兽之殷，水有鱼盐珠蚌之饶，物有种养工贸之丰，城有山水人文之绝"的；同时使年轻人更加深刻地感知到灵光四射的越中历史文化，体悟到延绵不绝的绍兴人文思想，并让这种深厚的历史文化与风土人情形成持续的吸引力与影响力，熏陶、浸润和教化一批又一批的年轻人。

二是使广大年轻人更加热爱绍兴故事和敬仰绍兴文化。

让广大年轻人在了解绍兴故事和感知绍兴文化的基础上，更加充分地了解到，在绍兴这片古老的大地上，一万年前就有于越先民繁衍生息，中华民族的人文始祖在这里开天辟地，灿若星辰的先贤名士在这里挥洒才情；感知到，从越国都城到秦汉名郡，从魏晋风流到隋唐诗路，从南宋驻跸到明清士都，从民国峻骨到新中国名城，绍兴先民在古越大地演绎了荡气回肠的侠骨柔情和续写了延绵不断的千年文脉，使年轻人发自肺腑地生出热爱绍兴故事的人文情怀和敬仰绍兴文脉的文化凝聚力。

三是使广大年轻人积极传播绍兴故事和弘扬绍兴文化。当广大年轻人对绍兴故事和绍兴文化产生强烈的人文情怀和较强的文化敬仰之情时，他们就会自然而然地将绍兴文化中的人文精髓植入并内化到自己的生活、学习之中，并会自觉向更多的人讲述他们眼中的绍兴故事、文化特色和人文情怀，并能够积极地将那种跨越时空、超越国度、富有魅力并具有当代价值的绍兴文化精神自觉地传播和弘扬开来，从而在故事的讲述中延续绍兴传统历史文化的价值体系，使绍兴独特的历史文脉传承有序，长盛不衰。

实现上述三个层面的效果就是我们广大文旅工作者和教育工作者为广大青少年朋友讲好绍兴故事的应有之义和必然选择，我想这也应是浙江越秀外国语学院组织编纂"文化旅游：绍兴故事新编"这套丛书的题中真意和初衷本意了。

讲好绍兴故事，首先要让年轻朋友们融入绍兴情景并产生感动。就让我们在这套丛书的故事中陪同大家品读和感受绍兴的江南意涵与万年气象吧。

何俊杰

（中共绍兴市委宣传部副部长、市文化广电旅游局局长）

2019 年 11 月 24 日

目。录

汲水煮日铸

"桑苎家风君勿笑，它年犹得作茶神。"陆游，南宋绍兴一位嗜茶如命的诗人，一生创作300多首有关"汲泉煎茶品茗"的诗歌，述说着自己与茶的不解

情缘。

陆游爱茶嗜茶，作为宋时佳茗的日铸茶便是他的爱茶之一。日铸茶的外形似鹰爪，条索细紧略钩曲，汤色橙黄而又明亮，气味清香持久，滋味鲜醇回甜，如此色香味俱全，故而深受陆游喜爱。

说起日铸茶，便不得不提起陆游的一个爱好：随身携带日铸茶。不论前往何处，陆游都不忘带上日铸茶，方便自己随时品尝。可带茶容易，品茶却不易。若是没有遇到好的时机，陆游是绝不会拿出日铸茶的。

宋孝宗乾道六年（1170），陆游被贬到夔州（今重庆奉节）任通判，从家乡绍兴出发的时候也带上了日铸茶。一路上游山玩水，乘舟经过峡州时，陆游了解到这峡州有一著名景点——三游洞。三游洞中的泉水清澈见底，夏天不枯竭，冬天不结冰，水更是甘甜凉爽，被称为"神水"，不少人都用这里的泉水泡茶。这样的地方，这样的泉水，陆游当然不能错过。第二日，他便携带日铸茶欣然前往三游洞了。

陆游一边欣赏着风景，一边寻找着泉水。这泉水发源于西陵山腰的岩壁石罅中，陆游从三游洞前沿级而下百余步，在半山腰的悬崖下看到了他心心念念的泉池。

慢慢走近泉池，池的全貌也渐渐展现在了陆游面前。洞府宽敞高大，岩壁历经多年的风雨洗礼，犹如刀削斧劈般，实在无法不感叹大自然的鬼斧神工。陆游转身，望见的是高高耸立的青翠山峰；看见的是清澈泉水倒映出的连绵山峦；听见的是叮咚如佩玉碰响的悦耳泉涌声。这里没有其他人，只有自然之气、山川之音。身在其中，人间事尽烟消云

散，陆游已被这样的景色所吸引。

踱步来到泉池边，看着泉水，如此美妙的时刻，如此美好的地点，陆游怎会放过。他缓缓将自己携带的日铸茶取出，拾来木柴，架起火堆，煮沸泉水。往茶杯里放上一小撮上等的日铸茶，用清泉冲泡，只见叶芽缓缓下沉，啜上一口，香气清幽……不觉得孤单，不觉得漫长，陆游感觉到的只是平静安宁。

水渐渐变了色，香味四溢。一口日铸茶入口，人生最惬意的事也不过如此，果然是好水配好茶，这样泡出的日铸茶更是香甜可口，令陆游回味无穷。峰峦倒影、泉水叮咚，陆游诗意大发：

> 苔径芒鞋滑不妨，潭边聊得据胡床。
>
> 岩空倒看峰峦影，涧远中含药草香。
>
> 汲取满瓶牛乳白，分流触石佩声长。

囊中日铸传天下，不是名泉不合尝。

陆游将诗题于崖壁上。从此，这里有了"陆游泉"，修了陆游泉石亭，岩壁上刻了《三游洞前岩下小潭水甚奇取以煎茶》。

如今来到陆游泉，走进陆游亭，细看陆游诗，置身三游洞中，闭上双眼，我们仿佛回到了那个时候，似见诗人，似闻茶香。

时光虽过，但我们依旧记得这里曾经来过一位诗人，曾经弥漫着一股茶香……

诚信开茶栈

　　瑞泰茶栈作为绍兴首家出口茶厂，一直秉承着诚信经营的理念和原则，成了百年名企。不只为当时民族工商业的发展及绍兴平水珠茶的闻名做出了很大的贡献，

其精神也对后世影响深远，但它的故事却是始于平凡的。

宋周瑞，1790年出生于浙江绍兴平水镇日铸岭，其家族世代躬耕，他和妻子一起做笠壳草鞋为生，勤勤恳恳，踏实平凡。鸦片战争之后，西方资本主义入侵，在上海等地纷纷建立了租界，并且开办了收购我国廉价土特产品的洋行和工厂。当时绍兴会稽山区盛产珠茶，品质上乘，陆羽也在《茶经》中提到："浙东：越州上，明州、婺州次，台州下。"上海英商怡和洋行专门经营此茶，并且销量日益增长，前景十分可观，因此对珠茶的需求量也逐渐增长，便在绍兴五云门外的散花亭设立了收茶站，当地百姓作为中间商为怡和运送茶叶。宋周瑞了解到这份工作比做草鞋利润更高，也投身其中。

有一天，他在怡和售茶，结账时发现收茶站多

付了他三十银圆。这在当时可不是一笔小数目,但是他本性忠厚老实,当即决定归还这笔钱。那时洋行正值中午开饭时间,人声喧闹,洋行伙计呵斥宋周瑞离开洋行。后来洋人找来翻译查明原因,被宋周瑞的诚实及善良所感动,恰巧当时怡和为了降低成本,准备在产区对茶叶就地加工,于是宋周瑞与怡和达成协议,由怡和出资,宋周瑞设厂,直接将加工后的半成品运往上海。

宋周瑞给制茶厂取名为瑞泰茶栈。之后,凭借着他的诚信,瑞泰茶栈备受怡和信任,茶厂越做越大,并逐渐带动中国近代茶业发展起来。1842年五口通商后,茶叶出口中心从广州转移到宁波和上海,珠茶更是成了上海埠口的大宗出口商品。

宋周瑞意识到这是一次发展茶厂的好机会,他在家考虑规划了很久,之后带着平水珠茶中的上乘日铸茶前往上海请洋行翻译评鉴，并成功同宝顺、怡和等六家洋行签订了协议。瑞泰茶栈的经营规模进一步扩大，短短几年时间，宋周瑞便成为上海民族工商业的茶业大亨，打响了平水珠茶的出口品牌。

之后的五十年是珠茶发展的全盛期，太平天国运动后，绍兴的大部分人力、财力转移到上海，茶叶、金融等行业快速成长，平水珠茶几乎占当时上海埠口茶出口总量的一半。而宋周瑞善于把握机遇，勇于尝试，凭借瑞泰茶栈置办田地，积累资金，之后还让他亲戚分设茶栈多达二十五家。瑞泰茶栈作为家族企业，不断成长，形成了家族内互相扶持、同乡间互相援助的良好关系，虽然发展过程中也遇到过波折，但是到中华人民共和国成立前，瑞泰茶栈已经运营了一百多年。

我们常常说以史为鉴，站在今天回望百年前的

瑞泰，拨开时间的重重迷雾，可以看到闪耀在瑞泰门前最明亮的那颗星，就是诚信。它背后所代表的不只是宋周瑞的为人准则，还有只出售品质上乘的日铸茶的企业坚守。它的光芒走过漫长曲折的旅程，落进我们的眼底，沉到我们心里。这星是属于瑞泰的星，也是属于日铸茶的星，属于绍兴的星，更是属于我们中华民族的星。

以诗换茶茗

　　白居易，字乐天；元稹，字微之。他们两个都是中唐时期的著名诗人，并且是至交。元稹二十五岁的时候和白居易同中进士，两人缘分甚深，兴趣相投。同时为

官也同时被贬，一起提倡新乐府诗并且都喜欢喝茶。一直到元稹去世前，两人都交往密切，从未间断，世人称他们为"元白"。这种关系下他们两人之间自然少不了趣事，其中就有一件关于茶的。

唐德宗建中三年（782），白居易到越州（今绍兴）避难，短暂接触了越州的秀美山水及风土人情后便十分喜爱。之后在唐穆宗长庆二年（822）白居易出任杭州刺史，心中欣喜不已，没想到第二年好友元稹便任职越州。杭越只有一水之隔，两人常用竹筒递诗，互相问候。元稹十分喜爱喝茶，他早就听说越地茶极为著名，白居易通晓友人心绪，在信中时常向他介绍越地茶。

在两人传诗互通时，民间也热闹不已。得知两位有名的大诗人分别到杭州、越州任职，百姓们议论纷纷，一时之间"元白"成了百姓们茶余饭后讨论的焦点。起初百姓们并不了解这两位诗人，把他们当成只能远观的"偶像"来看待。后来得知这两位大诗人特别喜爱喝茶，尤其喜爱越地的名茶，心里的距离感便逐渐缩小。因为"元白"提倡新乐府诗，将俗言俚语入诗，并且"每成篇，必令其家老妪读之，问解则录"（《白居易传》），百姓们可以轻松地理解他们所作诗的意思，再加上他们毫不吝啬地在诗中表达自己对当地的赞美之情，写下"天下风光数会稽""会稽天下本无俦""老大那能更争竞，任君投募醉乡人"等诗句，慢慢地，他们两人和其诗作都备受百姓们的推崇和喜爱，其诗作也在民间盛行了起来，他们二人关于茶的趣事就是从这里开始的。

越地盛产名茶，唐朝时期，会稽山日铸岭的日铸茶全国闻名，两人都特别喜爱喝茶，经常前往平

水镇（著名的茶叶加工贸易集散地）买茶。有一天元稹又去平水买茶，他一边和百姓们打招呼一边欣赏风景。突然一个儿童手里拿着一张纸从他身边跑过去，边跑边喊："'元白'出诗啦，'元白'出诗啦。"他觉得很奇怪，便一路跟着儿童到了一所学堂。看到里面很多儿童在抄写自己和白居易的诗，态度特别仔细认真，而且数量也很多。他问为什么要这样做，儿童回答说"元白"的诗可以拿到市场上换取茶茗，而且商人们求之甚切，可以达到一篇一斤的高价。元稹心下又惊讶又感叹，万万没想到自己和友人的诗如此受人喜爱。

元稹买完茶回到家中，便立刻给白居易写信，将今天的所见所闻告诉了他。白居易听后也非常感动。后来二人还得知，以诗换茶这一现象不只出现在平水，也出现在被誉为"唐诗之路"的浙东地区，在那里只要"元白"一出新诗就有人传抄到纸上，拿到集市上去换新茶，这些足以说明当地人对"元白"两人以及茶的喜爱之情。在任期间，两人和当地百姓相处极为和谐，互相敬重，因诗与茶形成了一段佳话。

自古以来，诗和茶之间就有着千丝万缕的联系，茶缘诗情，醉茶赋诗。约几位好友，或在竹林中，或在溪水旁，品茶赏景，吟诗作对，潇洒自在。"以诗换茶"可以说是等价交换，因为实际上它是拿一份真情换了一份心意，也是诗人与百姓之间独有的一份默契。

素兰同雪涛

　　日铸茶，产于绍兴日铸岭，从唐代开始便深受人们的喜爱。

　　日铸历史生生不息，日铸故事源远流长。在逝去的时间里，日铸韵味层层加深。在这历史的画卷中，我们看到了明代小品文第一人张岱与日铸茶的美丽故事。

欧阳修曾言："两浙之茶，日铸第一。"足见日铸茶的地位之高。南宋时期它是有名的贡茶，明代朱元璋时期更是风靡全国的条形散茶，霸主宝座稳固。直到明代安徽休宁松萝茶的出现，才打破了这个局面。松萝茶胜在制作工艺精良，一出现便受到大众的喜爱。渐渐地，越来越多的人弃日铸选松萝，日铸茶的地位也就越来越低了。

就在日铸茶日趋式微之时，一个人的出现使形势出现了大逆转。这个人便是张岱。张岱出生于绍兴，自称"茶淫"，他对茶的痴迷非一般人能及，他精心编著了《茶史》，可与陆羽《茶经》相提并论。张岱看到了日铸茶的渐渐衰落，不忍心自己家乡的名茶就此绝迹，于是他做出了一个重大的决定——

创新日铸茶。

可是改良不是一件简单的事，张岱面临着重重考验。

张岱想到，松萝茶之所以深受人们喜欢，很大一部分原因是松萝茶独特的制作手法。既然如此，那么改良日铸茶的第一步就是使用松萝茶的制作方法来制作日铸茶。掌握地道的制作工艺可不是一件容易的事情，更何况这松萝茶的制作工艺很是复杂精细。为此，他特地请来了安徽专门制作松萝茶的师傅来帮助自己。这扚法、掐法、挪法、撒法、扇法、炒法、焙法、藏法，张岱都采用了制作松萝茶的方法。

虽说这制作手法有了，但这茶却没做成。这新茶始终无法达到张岱心目中的模样，泡出来的味道也不太对。问题到底出现在哪里呢？张岱经过多次实验后发现：用禊泉之水，再放入罐中，这香气便太浓郁，不行；但是若用其他水，这香气又太淡，也不行。原来问题便出现在这水上。好茶自然要配好水，如同宋代陆游说的那样："囊中日铸传天下，不是名泉不合尝。"一旦水不对，那便是再好的茶也白白浪费了。张岱反复冲泡后，终于找到了解决方法——杂入茉莉。茉莉的存在很好地解决了香气的问题，既不使香气过于浓郁，也不会使香气过淡，如此，可以说是相得益彰——这茶便成了！

将改良的日铸茶加入适当的茉莉后，放在瓷瓶中，加入热水，便如同"素兰同雪涛"一般，于是这结合了日铸茶和松萝茶优点的新茶，便被称为"兰雪茶"。张岱也将自己这次改良记录在了《陶庵梦忆·兰雪茶》中。这兰雪茶可以说是兼顾了日铸茶和松萝茶的长处，一经上市便风靡一时。

　　仅仅四五年之后，先前家家户户喝松萝茶的景象就彻底消失了，取而代之的便是这已经"称霸"的兰雪茶。市场上卖兰雪茶之处必定是被哄抢之处，茶馆里桌桌壶中必定是香气沁人的兰雪茶，家中招待客人所用的茶也必定是兰雪茶。随处可见的兰雪茶，随时可闻的阵阵茶香，无不表明着张岱的成功。要说这兰雪茶有多厉害呢？到了后来，那正牌的安徽松萝茶也以"兰雪"来命名了。

　　如今，兰雪虽失，日铸还在，茶香依旧……

　　在日铸的茶香中，我们似乎还可以看见张岱那忙碌的身影。在一次又一次的失败后仍不放弃，在一次又一次的实验中寻找答案。是张岱带来了改变，带来了兰雪，带来了一场茶的盛宴。

绿涧消宿酒

　　刘基，字伯温，是我国明代著名政治家、文学家。除了这些身份，他还是绍兴日铸茶的"宣传大使"，他和日铸茶的故事便发生在他被朱元璋招纳之前。

　　那个时候刘基只是一个小官，每天过着不争不抢、安静闲适的生活。他和石抹宜孙等一批蒙古族官员以及浙江许多的文人墨客都有着广泛的交往，是个有着高洁品性、文情逸趣的人。

　　至正十五年（1355）夏天，刘基到了绍兴，沿着水路经过镜湖、若耶溪等地前往平水。沿途风景如画，美不胜收，他便一直记录自己的所见所闻，其中有这样一句："入南可四里曰铸浦，是为赤堇之山，其东山曰日铸，有铅、锡，多美茶。"（《出越城至平水记》）这里所说的"美茶"就是当时盛行京城的日铸雪芽，也被誉为"绿色珍珠"，这是他和日铸茶的初遇。

　　到达平水之后，他和朋友们经常外出游玩，从清晨到日暮，从溪水到峡谷，品茶赏花，惬意自在。久而久之，他们也和当地百姓熟悉了起来，偶尔也会受邀到百姓家中做客。百姓们十分纯朴、真诚，每次都"上茶、瓜、酒、食延客"。从食物排序来看，也可知当地人和刘基等人对日铸茶的喜爱之情。

之后三年，刘基都留在绍兴，这段时间里他也和日铸茶"相交日深"，因为日铸茶用料纯正、品质极高，刘基经常以喝茶来解醉。有一次刘基和朋友朱伯言一起从外地回绍兴，途中有感而发赋诗道："青猿不避游人过，碧涧能消宿酒酣。况有山僧颇解事，何妨聊驻使君骖。"透过诗句我们仿佛看到那葱绿山壁间的猿猴恣意穿过，途中昨天宿醉的二人尚未清醒，想着到达平水后喝茶解醉。正在交谈之间遇到一位山僧，那山僧向二人询问是否知道哪里可以寻得"绿色珍珠"。二人一听便停马驻车与他交谈。得知山僧也是爱茶之人，特意从京城赶来寻茶，刘基便邀请山僧与他们同行前往，途中三人交

谈甚欢，原来茶不仅可解醉，更可结友。

　　还有一次，刘基有事需要留在日铸，朱伯言便先离开，刘基写诗《茶园别朱伯言郭公葵》给朋友送别："细水吹烟送客舟，离情恰似水东流。此时对酒难为乐，何处寻春可纵游。"浩渺的江水里倒映着蓝天和山川，远处的水雾笼罩着前行的道路，刘基和友人站在茶园脚下话别。刘基看着远处的景致，想到刚刚两人还一起品茶，突然之间就要分别，心中的不舍就像那绵延不绝的江水。但是船夫已经再三催促，刘基也知道时间紧迫，急忙与友人约定，虽然此次无法对酒当歌，纵情畅饮。但是来日方长，总会再相见，到时找一春日，喝茶赋诗，尽情欢乐。

　　至正十九（1359）年，朱元璋礼聘刘基助他治国，刘基在任期间立下许多功绩，受到朱元璋的重用。在元末战乱的时候，江南社会动荡不安，品茶的风俗也受到了影响，日铸茶在南宋的盛行之景也成了过去时。直到明代，刘基成为明代的开国功臣，他在绍兴那段时间的经历重新被世人谈论传颂，日铸茶也因此又兴旺起来。虽然说刘基和日铸茶的相遇是短暂的，但是他对茶的喜爱以及留下的相关诗文，都是永恒的。

卧龙瑞草魁

　　卧龙瑞草碑,位于府山东北坡,碑
高2米,宽0.8米,上有行书大字"卧龙
瑞草"四字,为绍兴著名书法家甘稼泥所
书。碑后有"众茶之魁"之注解,始知绍

兴城卧龙山也产茶，茶名"龙山瑞草"。

据史料记载，唐朝茶行，焙法主要为蒸、碾，压制定型成饼团状，卧龙瑞草便是在此时崭露头角。到了南宋，人们改蒸为炒，改碾为揉，改饼团为可撮的散茶，成为炒制茶的首创，制作的茶叶为条形散茶，绍兴人陆游便在一首诗的自注中说，"不团不饼，而曰炒青，曰苍鹰爪，则撮泡矣"。元代，炒青法制茶逐渐成为主体，饮散茶之风盛行于世。

宋朝著名诗人王十朋就对卧龙山的瑞草茶念念不忘。对于王十朋来说，卧龙山称得上老朋友了，他三番五次地前去卧龙山，都留下了一些关于卧龙山的诗文，无不夸山之雄壮，水之清丽。初夏时节的一天早上，刚下过的一阵小雨给人们带来了些清凉，王十朋带上自己的好朋友们——永嘉王龟龄、少城周行可等人，再次步行前去卧龙山脚下的三友

亭乘凉喝茶。他们一边喝茶一边聊自己最近几年的所见所闻，他们喝的茶是卧龙山上的茶叶所制，泡茶的水是汲来的卧龙泉水。喝着绝佳好茶，诗人们难免诗兴大发，一个个都开始对对联，题诗助兴。

吟诗作赋之时，品着香气四溢的上等茶，周行可笑了笑，突然发难道："王兄，这亭是好亭，这茶也是好茶，那么你能在这半炷香的时间里，为这卧龙山的瑞草茶写出一首诗来吗？这样也不枉此行了。"另一位朋友王龟龄也应和道："是啊王兄，你看你为这卧龙山写了不少好文章，可这卧龙山上的卧龙瑞草茶你却丝毫未提及，难道你是想一人独享这上等绝佳的好茶吗？""这……"王十朋才发现自己为这卧龙山写了不下三篇的文章，却未曾为这山上的好茶题诗作文。推辞不了朋友的请求，他掂着瓷茶杯，又细细地品了一口卧龙瑞草茶，茶叶的清凉微苦漾在口里，茶香缭绕在鼻尖让人回味无穷。

思索片刻，王十朋大笔一挥，当即写下了一首诗——《伏日与同僚游三友亭》。周行可看着他洋洋洒洒的字，念了出来："'炎天过小雨，伏日生微凉。新亭会僚友，故事开壶觞。泉汲卧龙乳，茶烹团凤香。缅怀去年友，跳珠出诗章。'好诗！好诗啊！不愧是王兄啊！"这首诗也由此而来。而卧龙瑞草茶的名气也因这首诗与日俱增。

近年来，随着茶叶市场开始兴盛，重振绍兴茶都辉煌，已被列入重要议事日程。据了解，目前已有茶叶界的行家对卧龙瑞草这一蛰伏多年的越茶产生了浓厚兴趣，准备复兴这一古风名茶，重新激活其散淡、冲和、空明的三味经典，期待卧龙瑞草能借此机会东山再起。

因书结茶缘

世间很多事物天生就带有浪漫因子，比如书籍，比如清茶。在一个夕阳西下，暖风柔和的傍晚，捧一本喜爱的书籍，端一杯香气氤氲的清茶，闲来无事挂心头，

便是人间好光景。

　　旧时诸暨的马剑村有戴家三兄弟，从小就都很喜欢读书。大哥戴殿江是清朝有名的藏书家，斥千金购买了桐乡汪氏藏书五万卷，造万卷楼，专心研习。二哥戴殿泗一生研究群经，博观诸史，尤以诗闻名。曾官任翰林院编修，外和内刚，在翰林院十年未升迁却处之泰然。三弟戴殿海曾总理文渊阁及紫阳书院并领经局事，著有《风希堂文集》，与大哥戴殿江合著《九灵先生年谱》。二哥戴殿泗辞官后，三人经常竹杖芒鞋游玩在山水之间，讲论学问，恣意快活。

　　戴殿江在《万卷楼藏书记》中记载了一件事。大约在乾隆年间，戴殿海和戴殿泗两兄弟前往吴山游学，此行最主要的目的是寻找并购买《九灵山房集》，把它放入先哲遗书中，这也是戴殿江造万卷楼

的缘起。寻觅的过程是艰辛的，最终没有收获的两人走进了庆云斋，将书单放下，嘱咐那里的书商帮忙寻找此书。

一阵寻觅无果，书商略加思索后，前往知不足斋询问。这知不足斋的主人叫鲍廷博，家族世代经商，殷富好文，不惜巨金求购宋元书籍，筑室收藏，起初随父亲定居杭州，后来定居桐乡。他看过庆云斋拿来的书单后道："这应该是我在金华时（古时浦江马剑村一带属金华）一位朋友的书，向你求书之人姓什么？"那书商回道："姓戴。"鲍廷博又说："他们戴氏有《九灵山房集》，原版书籍已经不在了，我有手抄下来的复本，应该是现世所存最佳版本了，但是不会轻易售出。"

书商听完这话，立刻托人给戴氏兄弟带信。戴氏兄弟得知这个消息后，心中惊喜不已，当即起身前往知不足斋拜访。双方一见面，便相谈甚欢，志趣相投。鲍廷博也是爱书之人，遇到心仪的买家十分开心，随即拿出手抄本要赠送给他们。戴氏兄弟心中感激万分，一定要付钱购买。鲍廷博说："我一直十分喜爱喝茶，您家乡九灵山的春茶，色香味俱佳，若我有幸可以收得那茶，您所缺少的这本书便赠予您，其余的部分我日后慢慢寄送给您。"戴氏兄弟这才收下了书籍。

从此以后，戴氏兄弟每逢春茶时节，便寄一些茶给鲍廷博，鲍廷博也不时寄一些书籍过去。如此便留下了一段"因书结茶缘"的佳话。书与茶的美好故事也由此展开。世间很多事物天生就带有浪漫因子，比如书籍，比如清茶，再比如人与人之间真挚的情谊。因书结缘，因茶续缘，因彼此之间热烈纯真的感情而世代相传，世间浪漫事，不过如此。

陆羽茶仙殿

诸暨旧时有茶仙殿,清《光绪诸暨县志·山水志》记载:"浦阳江之东为江东街,居室鳞比,廛舍骈阗,与城内埒。上有小街,街之下为上网庙,庙中有茶仙殿,

祀唐陆羽。"可知，茶仙殿是后世百姓为了纪念陆羽特意建造的。

　　陆羽的一生可以用坎坷二字形容，他是一个弃婴，完全不知道自己的身世，甚至都不知道是谁捡到了自己。他的姓名也都是长大后自己取的，因为卜卦得了"渐"卦，依据《易经》"上九，鸿渐于陆。其羽可用为仪吉"，便给自己取名为陆羽，由此便可以看出他天生不凡的心志。他三岁的时候，被复州竟陵龙盖寺的住持智积收养，才算是有了可以稳定居住的"家"。

　　智积法师看出陆羽根器不凡，格外注重对他的培养，在他九岁时就教他学习佛教经典。那时的陆羽对佛经兴趣不大，反倒是喜欢诗文创作。他会在放牛的时候在牛背上学习诗文，有时候学到忘情，常常和牛一起不知去向，为此也时常受到责难。久而久之，陆羽厌倦了这种生活，请求智积法师放自

己下山。法师不同意，但是陆羽去意已决。僵持之下，智积法师给陆羽出了一道难题——只要陆羽沏出好茶，便放他下山。

为此陆羽刻苦学习茶艺，开始时他自己读书钻研，之后遇到了一位好心的婆婆，不仅学会了复杂的冲茶技艺，还学到了很多读书和做人的道理。陆羽的天分加上不懈的努力，使他的茶技突飞猛进，他自己也在这个过程中逐渐喜欢上了茶艺。

几年之后，智积法师非陆羽的茶不饮。但陆羽却在时间的不断消逝中愈发沉不住气，他看智积法师对他下山一事绝口不提，便不告而别。下山后陆羽游历四方，辗转于各个行业，多年的游历经验让他积累了丰富的地理人文知识，为他日后著《茶经》奠定了基础。欧阳修评价陆羽："盖为茶著书，自其始也。"他的《茶经》，在茶的发展史上有着非常重要的地位，为后世茶的发展提供了理论依据，除此以外，还促进了饮茶风潮的盛行。

《新唐书·隐逸传·陆羽》记载："羽嗜茶，著经三篇，言茶之原、之法、之具尤备，天下益知饮茶矣，时鬻茶者，至陶羽形（指用陶烧制成陆羽之像）置炀突间，祀为茶神。"因为得天独厚的自然地理条件，诸暨当地百姓很早就以种茶为生。陆羽的《茶经》对诸暨茶业的发展起到了促进作用，使当地百姓的生活有了保障甚至日渐富足。百姓为了表达对陆羽的感激与敬爱之情，修建了茶仙殿，世世代代为他供奉香火。

时至今日，尽管茶仙殿已经不复存在，人们喝茶的习惯也逐渐被遗弃，但是陆羽曾经照亮过的那段岁月，曾经造福过的那个时代，会被永久镌刻在历史上，闪烁着光芒，散发着温情，蕴含着敬意。

贡品龙门茶

　　诸暨马剑镇的龙门山一带，气候适宜，盛产茶叶，人们把这里产出的茶叫作龙门茶。龙门茶早在唐僧西天取经之时，就走出大山传入了宫廷。龙门茶得以一跃成为贡品名茶，这中间有一个充满温情的故事。

相传在唐贞观年间，龙门山脚下有一个以茶为业的小村庄。坐落在村头的三间草屋里，住着冬兰一家。一个初春的傍晚，冬兰家门前的路上走来一个七十岁左右，背着"双马"钱袋的老者。他在冬兰家门前的茶园停下，操着浓重的外地口音说："好地方，肯定产好茶吧！"冬兰听老者口音像是自己娘家那边的，顿时感觉十分亲切，迎上前去说："老伯真是识茶之人，我们的茶叶，在这方圆百里确实有点名气。"老者刚想接话，被一阵剧烈的咳嗽打断了。

冬兰上前查看，发现老者面色蜡黄，一副吃力虚脱的样子，心中顿生恻隐之心，便邀请老者进家中休息。冬兰特地杀了一只拳头鸡，又烧了腌肉蒸笋干、大蒜炒香菇等小菜。饭菜上桌，老人没有着

急动筷，却叫冬兰先把茶叶拿出来让他看。茶叶是陈茶，但存放在锡罐中像新的一样。老者把一撮茶叶放进随身携带的紫砂壶中，看着随着沸水慢慢舒展开的芽茶，闻着逐渐溢出的清香，他兴奋地说："这茶叶，有几分野气，但质地很好，就像你们诸暨的西施，调教打扮一番完全可以进宫啊。"晚饭在一阵欢声笑语中结束了，饭后老者便在冬兰铺好新床褥的房间里睡着了。

一夜的时间转瞬即逝，第二天早晨，冬兰去叫老者吃早饭，却发现老者已经没了气息，安静地躺在床上。老者的去世让冬兰心中很不是滋味，她的丈夫善丰发现老人的钱袋里有一些铜钱、几件换洗衣服和一本账册。善丰说："这些铜钱给他做丧事还是足够的。"但是冬兰却忧心忡忡："要是日后老伯的家属找来了，发现人财两空，告我们谋财害命，我们跳进黄河都洗不清了。老人家在我们家住宿，是相信我们的为人。这钱是人家的，我们一个子儿也不能用。他是在我们家上的天，年纪算来也是喜丧，后事我们办，孝子孝孙我们做。"说完这些话，冬兰就赶忙去张罗老者的后事了，这场丧事办得十分热闹，高高的灵棚，道士先生又吹又打，上供的猪肉酒饭，一样不少。

随着这场丧事的结束，突然造访的老者一事基本落下了帷幕。时间又过了一月，一个雨天，冬兰在家门口看到一个穿长衫的中年人，他似乎是迷路了，又似乎在寻找什么。冬兰上前搭话："客人有什么事吗？"几番对话下来，冬兰得知原来这位中年人就是那位去世老人家的儿子，并且这位老人家在杭州开了一家著名的茶栈。中年人看到父亲的钱袋，了解了父亲在此地的种种经历后痛哭流涕，随

即想到冬兰一家对父亲的诸多帮助，心中感激不已，动情地说道："这里山水秀丽，父亲在此善终，福缘不浅，若你们首肯，借一方宝地，让父亲长眠在此，每年清明我来祭扫，顺便向你们问个好，以此表达我的谢意。我父亲一辈子和茶打交道，绝不会轻易说一句好茶。我看你们家门前有茶园，春茶就要摘了，明后天我派几个茶工过来，麻烦你们给茶农通报一声，我高价收购。"

茶工来的这一天，山民们敲锣打鼓，像是嫁女儿一样，把披红挂彩的茶叶送出了龙门山。冬兰和丈夫目送着收茶大队的离去，心中慨叹不已。龙门茶叶就这样，载着纯粹质朴的人情，背负着满满的血汗和热忱，走出了大山，成了宫廷名茶。

三贤喜茶茗

茶叶作为古人日常生活的必需品，具有十分重要的社会地位，它所蕴含的精神价值也在文人的诗词歌赋中有所反映，后来随着茶叶贸易的兴盛，涌现出一大批以

茶为题的诗篇。当时诸暨有"三贤",分别是王冕、杨维桢和陈洪绶,因为这三位都是诸暨枫桥人,所以也叫"枫桥三贤"。他们三位都是爱茶之人,与茶也都有各自的小故事,一直为后人传颂。

王冕是元代著名的画家、诗人,他出身农家,小时候经常白天放牛,晚上到佛寺长明灯下读书,后来考进士未中,便转读兵法,倒也潇洒恣意。他曾经做过官但是最终选择了归隐,闲时吟诗作画,所著诗歌也多描写隐逸生活。

王冕非常喜欢喝茶,也喜欢写茶,类似茶具、茗杯、运茶、煮茶等词语经常出现在他的诗词中。在给友人的诗作中所写的自己的日常生活,也多与茶有关。"石杯酌茗搜我枯,石床扫苔留我眠。""种菜每令除宿草,煮茶常自拾枯薪。"隐逸期间他对茶的研究也日渐深入,他常去山中观察自然,时间久了便发现了适宜茶叶生长的种植环境——"近水多栽竹，依岩半种茶"，以及茶叶的收获时节——"皇州三月花柳辉，江南此时茶笋肥"。王冕隐逸时也常和友人相聚，聊聊近况，谈谈书画，一般这种情况下也多以茶相佐："相知相见情何已？石鼎山泉且煮茶。"茶叶伴随他度过了很久的时光，已经成为他日常的一部分，他以茶入诗，和茶之间的感情默契也新奇。

杨维桢是元末明初著名的文学家、剧作家，亦善绘画，被后人称为"文章巨公，诗坛领袖"。他平时也喜欢喝茶，有一首诗就记录了他对茶的喜爱和赞美。至正戊子三月十日这天，杨维桢和茅山贞居老仙、玉山才子一起去石湖诸山游玩，那天烟雨朦胧，大家都兴趣盎然，老仙为妓者璚英写了一首《点绛唇》。到了中午时，烟雨初霁，一行人登湖上

山,在一个寺庙中喝茶休息,璚英折了一支桃花下山。看着眼前的美景,品着手中的美茶,杨维桢兴致又起,提笔写了《花游曲》,其中有两句便提到了茶:"华阳老仙海上来,五湖吐纳掌中杯。宝山枯禅开茗碗,木鲸吼罢催花板。"

陈洪绶是明末清初著名的画家、诗人。世人皆知李白有许多佳作都是醉酒后写出的,陈洪绶则常在喝茶后诗兴大发,他有时候会在夜间对着漫天繁星,一边饮茶一边纵谈古今,甚至会"不参公案试新茶"。陈洪绶著有非常有名的《品茶图》,现在收藏在故宫博物院。此画描绘了两人悠闲对坐饮茶的画面,乍看简单实则内涵丰富,画中茶为散茶,并且从人物动作可以看出饮茶方式为最流行的撮泡法,那时紫砂壶茶具正值顶峰,画中也有所体现。以茶入画并且成为经典之作,可见陈洪绶在茶身上所倾注的心力以及对茶的热爱。

"三贤"都喜欢喝茶，也会把自己对茶的喜爱表露在诗画中。在他们的诗歌中，我们可以感受到那份对茶的敬意和诚心，这背后也是他们对茶农辛苦劳动的尊重。他们把喝茶当作一件极具仪式感的事情，渗透到他们的生活中，这份真挚，令人叹服。

康泉煮名茶

　　名茶要以上乘水相配，这是所有爱茶之人都了然于心的一条"规则"。张大复在《梅花草堂笔谈》中提到："八分之茶遇十分之水，茶亦十分矣，八分之水试十

分之茶，茶只八分耳。"钱椿年也在《茶谱》中写道："凡水泉不甘，能损茶味之严，故古人之择水最为切要。"这些都足以体现出泡茶时水的重要性。而关于水质，陆羽在《茶经》中曾提到："山水为上，江水次之，井水为下。"

古时诸暨多名泉，现在的诸暨店口镇浒山村有一泉叫作"康泉"，在冯梦祖的《康泉记》中记载了这样一个故事。杨梅山山阴处（也就是旗山）有一潭积水，它所处的地理位置极佳，背后倚靠崖麓，下面是万亩田地，经围大约有三尺长，深度大约有十余寸。这潭积水常年水位平稳，雨季不盈漫，旱季不干涸，缓缓细流均匀注入田间，粮食得以滋养，牧人的牲畜得以解渴，天上的鸟类经过此处也可以休憩饮水，它的存在给自然界的大部分动植物都带来了极大的益处，但是从来没有人取水饮用。

　　在盛夏的某一天，一名叫蒋康候（即蒋仪）的百姓路过这里，当时正烈日当头，蒋康候大汗淋漓，口渴不已，看那积水透明洁净，便掬了一捧解渴，没想到那水清凉甘甜，喝了之后浑身舒爽，燥热顿时消除。蒋康候觉得十分惊喜，便取了一些水带回家去煮茶，那煮出来的茶质地纯净，清明浓郁，茶水放置一夜都不见浑浊。蒋康候对此水十分满意，便取了自己名字里的"康"字，把它命名为"康泉"。从此康泉闻名乡里，前去担水的人熙熙攘攘，足迹遍布各条山路。人们都说这水为天地所孕育，因此才如此清澈洁净，不见一丝污浊。

　　当地的百姓纷纷感叹，康泉如此幸运遇到了发现自己的"伯乐"，慢慢地，蒋康候的名字便在当地传开来，人人都知道了这位发现康泉的伟人之名。古时民间贤士君子众多，多隐于山野，若有幸遇到知己得到提拔，便可平步青云，出入卿相之府。

　　而蒋康候因康泉闻名后，却依旧保持谦逊，没有炫耀骄傲，过着自己饮茶读书的闲适生活，百姓均交口称赞他有和泉水一样纯净的秉性。后来诸暨的知县崔龙云听说了这件事，也十分喜爱康泉的水，便命人在康泉旁建了一座递送饮用水的驿站，使这上等的饮用水更加方便地输送到各个地方，同时也促进了诸暨百姓饮茶习俗的发展。由此，"康泉"和蒋康候在当地颇负盛名。

　　苏轼有诗云："不为冬霜干，肯畏夏日裂。泠泠但不已，海远要当彻。"君子应如泉水，心中有戒尺，行为当正直，清澈洁净，守护自己的准则。君子也应如茶，泉水可以造福百姓，君子的精神也可以影响后世。

兰亭茶市香

　　宋代诗人陆游生长在绍兴的鉴湖之畔，鉴湖的山水也滋养了他。晚年的陆游，虽然历经磨难，仕途困顿，但依然鹤发童颜，耳聪目明，意气风发。这是为什么呢？陆游一生向往做茶神，他喜茶爱茶，辗转在绍兴各地的茶市，品绍兴之名茶，嗅茶市之飘香，茶就是他的健康饮料，他的咏茶诗也成了绍兴茶文化的不朽遗产。

一天，兰亭的小雨青青漫漫，陆游撑起油纸伞，与细雨相伴，来到了兰亭的北边。忽见一座小小的茶市，拥挤的人群、嘈杂的声音引得陆游也想去凑一番热闹。走近一看，原来是民间在煎花坞茶，新制的花坞茶香远远地飘进陆游的心，浓烈而散播遥远。陆游刚喝过烈酒，本该充满激情，而此时兰亭茶市的茶香，让他感到一阵平静，心胸变得舒坦起来，像是找到了精神上的安慰。

亲临茶市现场，陶醉在花坞茶香中，陆游自得其乐。他仔仔细细地观察了煎茶的过程，制茶者先把成块状的茶叶碾成碎末状，然后再把茶放到提前

烧开的水中加以烹煎，过了一段时间，茶叶在水中欢舞，茶水渐渐地呈橙色且颜色鲜明。"兰亭的美酒惹人心醉，没想到兰亭茶市的花坞更是色香俱全呢！"陆游不由得赞叹道。由于热闹繁荣的茶市加上美酒与好茶的相伴，这一刻，他感到一种前所未有的满足与幸福。

在兰亭茶市，人们常常以茶会友，陆游平时也十分注意观察茶市的饮茶风貌。他发现大多数人品茶，只品尝茶香。于是和他们一样，陆游也开始尝试在原本苦涩的茶叶中加入一些调味品。

一天中午，他在兰亭茶市边饮茶边看戏，突发奇想把苦茶和橄榄油放在一起，从而品出了一茶多味的不同感受，于是将自己对多味茶的喜爱写进了《午坐戏咏》。他发自内心地感慨道："原来人生如茶味，苦乐交织，百味纷呈！"如此，他原本惨淡的心境，在这飘香的兰亭茶市中得以一销万古愁，一首世代流传的《兰亭道上》也因此诞生：

> 兰亭步口水如天，茶市纷纷趁雨前。
>
> 乌笠游僧云际去，白衣醉叟道傍眠。

陆游最爱的仍是家乡绍兴的茶品，在他的多篇诗作中，他多次抒发自己对家乡名茶的喜爱之情。兰亭茶市对陆游产生的影响较大，是他茶兴的发源地，也成为他心灵的归宿与精神的寄托。

钱镠赐茶名

　　钱镠是五代十国时期吴越国的创建者，在位期间，两浙地区经济繁荣，文士荟萃，渔盐桑蚕之利遍于江南，因此，百姓都十分拥护他，称他为"海龙王"。

为了实现"境内无弃田"的经济理想，他鼓励百姓种植农作物，大力发展生产。百姓除了种植大量的庄稼以满足日常生活之需外，还会种植茶树，采摘茶叶，冲泡成茶，追求现实生活中的享受。

一日，钱镠登上刻南的一座高山，发现此地不仅经济繁荣，而且茶业很发达。望着自己治理的大好河山，内心的成就感和满足感油然而生。此时正值初春，茶树的嫩芽刚刚冒头，茶农们正匆忙地采摘茶叶。钱镠也跟着茶农们一起去采茶，但奇怪的是，这种茶既让他感到陌生又让他有似曾相识之感。他观察到此茶的颜色和华顶山的云雾茶相类似，如银似雪，但是它的芽头又像一根根银针，有点像福建的白毫银针。他不解，难道这是两种茶的结合体吗？

带着这样的疑问，他特意咨询了当地的茶农们。

茶农们也对此茶的现象感到困惑不解，表示这种茶目前并没有自己的名字，但是看到吴越王亲临此地，既震惊又意外。贵客临门，自然要好好招待一番，茶农马不停蹄地将芽头刚伸展抽出的一两片叶子摘下，用全芽头制成茶，呈与吴越王品尝。

在热水的冲泡下，茶叶紧紧地缩在一起，卷曲成螺状，渐渐地隐去了本身的翠绿，但是汤底仍是碧绿的。钱镠注意到了茶叶颜色的蜕变，觉得世间的茶竟充满了奥秘和神奇，自己如同目睹了一场魔术，感到不可思议。在好奇心的驱使下，他更想赶紧尝尝此茶的味道。

茶农将冲泡好的茶递给钱镠，钱镠只觉得香气浓郁，鲜嫩馥郁。一口饮罢，鲜爽回甘，甘甜之味源源不断地到达心里，如此味汁俱佳的好茶，令他心旷神怡。不知不觉杯子就空了，钱镠仍恋恋不舍地抚摸着剩下的茶叶，果然质地厚软。他让茶农将剩下的茶叶赠送给他，好带回宫中与大臣们一起分享，慢慢品尝与研究，临走时，还下令将这个高山浓雾的地区命为产茶区。

由于此茶叶面毫毛皆呈白色，其芽尖又似银针，满身披毫，钱镠便将此茶命名为"白毫尖茶"。这种茶，兼具了另外两种茶的特点，最终因为钱镠的赏赐，拥有了自己的名字和专属的产茶区。正是因为一次不同寻常的探访，这原本隐匿于民间而不知名的茶，才浮出了水面，被绍兴新昌人所知。

作人珠茶情

　　周作人生活在一个动荡不安的时代，但他却向往着清茶闲谈的生活，常常从平水珠茶的苦中品出人生的味道，书写自己的苦味文学，晚年号"苦茶庵老人"。

周作人第一次遇到珠茶时，就被它圆润如墨绿色珍珠的外表深深吸引。初泡此茶，作人感到一阵清香袅袅，仿佛自己随着那舒展的茶珠芽叶一同浸润在色泽绿润的茶水之中，其香不减，其味愈浓。当他喝下第一口时，感到内心深处有一种说不出的苦味，似出了气的烧酒，又似夏日的干燥，紧接着，珠茶的苦香夹杂着时代的混乱不堪，将他带入对生活苦难的感同身受之中。"原来喝茶要以平水绿茶为宗，那些加了糖和牛奶的红茶早已没了人生的意味！"

周作人的生活就像这珠茶的味道充满了忙与苦，所以他将自己的一生与"苦"字联系在一起，热心于做他的苦茶文学，桌上布满了素雅的陶瓷茶具。

一个细雨纷飞的日子，在瓦屋纸窗下，作人同三两朋友共饮珠茶，同谈闲话。他望着窗外的细雨

纷飞,抿了一口珠茶,只觉清香依旧,入口的味道却渐渐地由苦化为甘甜,心中满载着浮生半日闲的惬意。此时的他,早已把茶桌上的珠茶当作陪伴自己共度闲逸生活的朋友,他和珠茶就像做了一场十年的美梦,久久不愿被世间的名利惊醒。他想:也许,入口的甜味并不是珠茶本身的味道,而是品味珠茶、忙里偷闲时的一点美与和谐。突然,由珠茶到生活,作人产生了对人生的思考,写下他的苦茶文学——《喝茶》。

多年之后,作人到日本留学,漫步在东京繁华的街市中,他感到失落孤独,不是因为身边没有知己朋友,而是那颗曾经紧紧依靠着珠茶的心好像一瞬间落空,自己也仿佛失去了心灵的寄托,垂头叹气道:"东京的茶食文化虽然历史悠久,可一点儿也没有绍兴珠茶的余韵。"于是,对珠茶求而不得的失落一点一点地传递到他的内心深处，不断攒积的失落触发了他对故乡的思念之情，回忆的窗户在他的脑海中不经意被推开：

还记得，初次见面，那绿色珍珠的外表，那溢满袖间的醇香，那难以忘怀的苦涩。

还记得，革命期间，案边珠茶的陪伴，精神的陶醉，品尝生活的乐趣。

……

此时，烟雨蒙蒙，和那天煮茶闲谈的天气一样，可雨点顺着对珠茶的回忆一点一滴打入作人的心中。他虽向往着雨天，但心中的清泉珠茶却再也找不回来了。作人面对着街市的灯红酒绿，他感到自己与珠茶的梦醒了，那些相伴的日子最终成了泛黄的书卷，停留在绍兴的过往中。

那一刻，他多想快马加鞭回到绍兴，和多年的

好友——平水珠茶重逢。

在日本，前路漫漫，生死未知，作人却只能凭借记忆，慰藉那颗失落的心。

支遁尚禅茶

诗僧支遁风神潇洒，不滞于物……

东晋高僧支遁，以诗、书、茶道闻

名。作为般若学的创始人，佛教中国化的

重要推手，支遁这位僧人喜爱茶，在新昌

有着"买山而隐""养马放鹤"的故事，成为千古风流之佳话、人间传颂之韵事。这里不得不提到一座名山——沃洲山，在这座山上流传着支遁的故事。

那时支遁来到剡县，刚刚到这里便被沃洲山的景色所吸引。支遁想着，如果可以在这里生活下去，与这里风景独特的山林共处，那便是人生之幸事啊。

都说高僧与高僧之间向来是有渊源的，支遁想要在这里住，便需要住的地方。便前往竺道潜的住处，向他提出要买下这里隐居，询问他是否可以帮他买下这里。看到支遁来问，竺道潜便告诉他："你想隐居就来吧，从未听说远古贤人许由、巢父是通过买山来隐居的。"支遁就依照自己的心意在这里住了下来。在这里，支遁生活自由，没有牵绊，他经常做的事情便是研读佛道经典，饮茶谈事，过得好不自在。有时还会与大家一起品茗呢！

支遁在这里几乎是痴迷茶与经的，他经常一边饮茶一边看书。支遁与其他的僧人有很大不同，他在沃洲山上养马。支遁作为僧人做这样的事情引起人们的一些不满，便有人来到寺庙跟他说："你一个和尚养马，这样的做法不合常理。"可是支遁怎么会受到他的干扰，看着那人，只见他淡淡地说了一句"我爱马的神骏"，便去做自己的事情去了，即便是一句话，也讲得那人无言以对，只能回去了。

支遁养马却放鹤，这又引来大家的好奇，便有人过来就这件事询问他。支遁说："凌霄之姿，何肯与人作耳目近玩？"即鹤这样高傲的姿态，怎么可以与人一起呢？众人才明白过来。养马放鹤这件事情也悄然传开了。

支遁大师在当时有着很大的名声，但是这却没有影响到他，在沃洲山上，支遁大师依旧注重自己

的学问，一边参禅一边品茶，新昌的茶深得支遁大师的喜爱。

好山、好水、好茶。在沃洲山与茶为伴，品茗论道，其间支遁大师注释了《安般经》《四禅经》等经文，也写了《圣不辩知论》《即色游玄论》等著作。有道是：寺必有茶，茶必有禅；茶入禅门，茶即禅茶。支遁大师爱饮茶，尚禅茶，他提出了"禅茶一味"，把饮茶上升到了极高的精神境界，为后世的茶文化发展树立了学习效仿的"样板"，还深刻地影响了后来唐代的皎然、陆羽等人。

今天当我们走在山林之间，依旧可以回想起当时支遁大师在沃洲山上参禅品茶的闲适、养马放鹤的自在、读经注书的逸兴。

祭茶获善报

　　茶，作为中华文化中重要的一部分，自古以来就受到了人们的关注。而茶祭随着茶的产生而出现，是茶的祭祀，代表着人们对茶的重视。

新昌作为中国名茶之乡，自然也有着特属新昌的茶祭。新昌的茶祭活动开始于天姥山广福寺建成之日。据传西王母弟子广福四处为民除害，用茶做的药丸解除人们的疾患，因而深受人们爱戴。在广福升天之后，人们为了纪念他，在天姥山山麓建了广福寺，一年一度的茶祭活动也从此开始。关于茶祭，在陆羽的《茶经·七之事》中还记载了这样一个故事。

剡县陈务死后，他的妻子带着两个儿子守寡。这个母亲喜欢泡茶，经常在家中饮茶。恰巧，陈务妻所住的地方有一个古墓，于是每次饮茶前，她总要先郑重地奉祭一碗，然后才自己喝茶。见到这样的场景，她的两个儿子总是感到不开心，觉得这样的事情白做，是没有意义的，浪费茶叶，更浪费时间。刚开始的时候两个儿子倒也没有说出来，可是这情绪却越积越多，他们总感到是个祸害。

　　某一天，陈务妻照着惯例在喝茶之前想着先祭奠古墓，可是被两个儿子拦住了，两个儿子责问道："一个古墓，它知道什么？白花力气！"不仅如此，他们这一次商量的结果，是直接将这古墓挖去。一听孩子们这样的想法，母亲怎么样都是无法同意的，母亲苦苦劝说儿子，坚决不准他们如此对待古墓。儿子们看到母亲如此坚决，即便想如此做，也不能全然不顾母亲的反对，只能将此事作罢。

　　当夜幕降临，白日的事情一直萦绕在陈务妻脑海中，她知道，她要保护好古墓，不能让孩子们做出这样的事情来。入睡后，陈务妻在梦里见到了一个人，那人同陈务妻说："我住在这墓里三百多年了，你的两个儿子想要毁了它，幸亏有你的保护，我才能幸免于难。不仅如此，你又拿好茶祭奠我，

我虽然是地下枯骨，但怎么能忘恩不报呢？"说完，便消失了。

天亮后，儿子们发现院子里出现了十万串钱，看这钱的样子像是埋了很久，但是令人奇怪的是，穿钱的绳子是新的。陈务妻这才想起昨晚的梦境。想到了梦中那人所说的"报恩"，一下就明白了这件事情。母亲把昨天夜里的梦境告诉了两个儿子。两个儿子听后都感到非常惊奇，同时也意识到了自己的错误。从此以后，便同母亲一起为古墓祭茶，并且更加郑重了。

在漫长的岁月里，越人用茶进行祭祀也有着自己的方法，一是以茶水进行祭祀，二是以干茶进行祭祀，三是以茶壶、茶盅象征茶叶进行祭祀。

如今，新昌茶祭大典依旧每年举行，鸣炮、献供品、敬香、击鼓撞钟、奏乐、献茶敬茶、恭读祭

文、献祭舞。古朴肃穆的茶祭大典展现出新昌茶文
化的独特魅力，再现了新昌绵延千年的茶祭传统
风俗。

醇香大佛茶

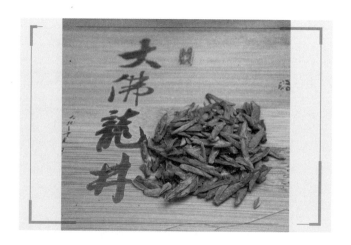

　　新昌是中国名茶之乡，在这里，茶叶随处可见，茶香随处可闻；在这里，大佛龙井声名鹊起，大佛龙井的故事流传甚广。

大佛龙井的由来自然是与新昌名寺——大佛寺有着密切的联系。大佛寺的存在也与茶有着深厚的联系。

一千六百多年前的石城山可不是现在的样子，而是荒无人烟，林木葱郁，荆棘满地，几乎没有什么人前来。昙光禅师来到这里，便想改变这样的情况，即便困难重重。昙光禅师雇了些人，他们一起开路，将路上的障碍一点点清除，这过程可以说是披荆斩棘。昙光禅师最终在南山建造了一座石室，后来便渐渐成了极好饮茶的隐岳寺，这便是大佛寺的前身。昙光禅师和寺内僧众在山后开辟茶园种茶、制茶，在这里讲经传教、煎茶品茗。

大佛寺一开始便与茶结下了不解之缘，在这里，寺和茶密不可分，茶韵在大佛寺中早已埋下了种子。大佛茶的出现，来自这样一个传说……

大佛寺建成后，在寺旁的大佛寺村中有一位妇人，常常去大佛寺礼拜，也算是与大佛寺有了缘分。有一天夜里，妇人又一次来到了大佛寺，夜晚的大佛寺大殿安静无比，没有僧侣，也没有信众，妇人慢慢走进大殿之中，却见到那大佛动了起来，心下便是一惊，这佛像为何会动起来？妇人没有上前打扰大佛，只是静静待在原地。

大佛动了动，便渐渐站了起来。他慢慢地走出大殿，在大殿外面走了走，摘了几片树芽，便在那里坐了下来。他也不知从哪里变出了一套茶具，在殿外开始泡茶。要说也奇怪，原来没有什么味道的树芽，便开始飘出香气。这扑鼻的芳香，竟让妇人感到通体舒畅，仿佛是食用了什么灵丹妙药一样。时间一点点过去了。饮完茶的大佛像是做完了自己的事情，便起身回到了自己的位置上，仿佛从来没有去过那里一样。

第二天一早妇人渐渐醒来，发现昨晚所见场景竟然只是自己的一个梦。可是，这梦如此真实，这茶香如此真实，没有一丝虚幻的感觉，仿佛自己确实闻了很久的茶香，甚至到现在都可以清晰地记得大佛所做的事情。妇人赶紧来到大佛寺内，见到大佛，即便现在的大佛已经不动了，但昨天大佛饮茶的一幕重新出现在妇人脑海中，她照着大佛昨日的做法，在殿外找到这些茶树，并且用她昨日看到的方法重新泡饮，竟与昨日所闻相差无几。昨夜未喝到的茶，今日总算是品尝到了。

妇人将此事，亦将这茶叶冲泡的方法告知给大家，后来，人们将这种茶称为"大佛茶"，这便是大佛特意来到人间饮用的茶。

时光流逝，如今在大佛寺放生池侧，人们建起

了昙光尊者舍利塔，以纪念昙光开山业绩。而大佛茶则成了新昌——中国名茶之乡的代表茶。人们都说："新昌大佛龙井茶，外形扁平，形似碗钉，色泽嫩绿，汤色杏绿，清香持久，滋味鲜醇，叶底嫩绿匀称，品质优良，属浙江龙井茶中极品。"

大佛龙井随着时间的沉淀，将会越来越展现出它的气韵！

茶茗似甘露

　　茶的味道，向来是不同的。好泉水，好茶叶，那么泡出来的茶自然也是好味道，不同的茶叶有不同的"好味道"。

　　茶的味道可以好到什么程度呢？或

许会有人认为它是来自天上的琼浆玉液吧。陆羽的《茶经·七之事》就有这样的故事，说是天上的"甘露"来到了人间。

有一位僧人，名叫昙济。十三岁便出家的昙济禅师在佛学上的成就极高。不仅如此，昙济也极爱饮茶，对于泡茶煮茶早就有一些自己的想法。昙济禅师曾居剡东孟山（今新昌孟家塘）三十多年。昙济还与一位名人——谢灵运交好。谢灵运在《山居赋》中介绍昙济说："昙济道人住孟山，名曰孟埭。"两人皆是著书品茗之人，如此志趣相投，自然而然成了朋友。

在孟山，昙济著《六家七宗论》，享誉四海，访客不断。昙济便是在这样秀邃幽美的孟山研习佛法，品味自然。他爱煮茶品茗，且藏有茶中极品，常以茶待客。

名声越传越远，当时新安王刘子鸾、豫章王刘子尚两人听说大师有好茶，就慕名前来拜访昙济禅师，想品品大师的名茶。宋大明五年（461），豫章王刘子尚领会稽太守，携刘子鸾赴孟山拜访昙济。两人见到了昙济禅师后，向禅师表明了此行的目的，希望昙济大师为他们泡一次好茶。

昙济将他们引到前厅，便为两位煮茶。昙济大师毫不吝啬，将自己最好的茶取出，用孟山名泉煮茶。煮茶的过程并不短，子鸾、子尚二人也不急，静静地等待着昙济禅师。

当两杯茶水放在两人前面时，还未喝，两人便可以闻到从杯中传来的茶香，可以说是沁人心脾。接着，两人便开始饮茶。要说子鸾、子尚两个人都是王爷，自然也是品过众多的好茶，对于茶的要求是很高的，一般的茶可是无法打动他们的。却没有

想到两人喝完以后，惊叹不已，这样好喝的茶，是他们从没见过、喝过的。"这哪里是人间的茶饮呀，这是天上的甘露！"刘子尚喝完便发出这样的感慨。子鸾亦点头，的确是好茶，令人回味无穷。听到两人的赞叹，昙济未说什么，将好茶赠予爱它之人，让更多人都感受到茶的美味，也是一件享受的事情。

"此甘露也，何言茶茗？"可见昙济的茶是多么令人回味啊！

那日在孟山之处，新安王刘子鸾、豫章王刘子尚两位兄弟一道拜访昙济时，是风光无限的少年王爷，昙济亦是名声大作的禅师。之后两位王爷却成了宋、齐两朝皇室成员疯狂自相残杀中的牺牲品，子鸾九岁、子尚十六岁时，皆因皇室内乱而暴死。而后昙济被宋孝武帝请到了京师，持中兴寺，于元徽三年（475）卒。

可孟山之上，依旧有着这样一个地方，是昙济饮茶之处，即便物是人非，也依旧飘着阵阵茶香。刘子尚将茶称作"甘露"的典故也流传至今……

皎然茶道始

　　茶道，是品赏茶的美感之道，更是茶
文化的核心。

　　那茶道是如何来的呢？或许，从僧人
皎然的《饮茶歌诮崔石使君》中，我们可

以了解些许。

释皎然俗姓谢，字清昼。那时皎然长年隐居在湖州杼山妙喜寺。所谓"隐心不隐迹"，皎然与当时的许多名僧高士、权贵显要有着广泛的联系。正因为如此，他认识了崔石，相识后两人便经常一起谈天说地、饮茶论道。

那一天，崔石带来越州茶想同皎然一起品尝。好茶放在面前，皎然当然不会放弃这个机会，两人相对而坐，准备品品这越州茶。皎然看向这茶，每一片茶叶都是经过精挑细选的茶中上品。即便还没有品上茶，皎然已经可以想象到醇香的茶味。想到此，皎然小心地取出茶叶，放入早已烧开的水中，一杯上好的茶即将完成……

香味渐渐飘起，茶水在茶具中沸腾、翻滚，看着煮好的茶，皎然将茶水倒入茶杯中。白色茶具与

青色茶水交相辉映，显示出的是纯净，想到的是平静。热茶的水汽渐渐飘起，带着茶的味道，围绕在皎然四周。看到这样的茶水，即便尚未品尝，也觉得像是琼树之蕊的浆液一般，它仿佛不是来自人间，而是从天而降的琼浆玉液。

皎然仅仅饮了第一口，便感觉刚刚等待茶时的昏昏沉沉都消失了，一口茶便让人神清气爽，自己的思绪早已飘向了天地之间。仅仅第一口茶便有如此神奇的效果，那么第二口呢？第一饮的余韵还未散，皎然便倒下第二碗茶，饮下了第二口。如果说这第一饮给皎然带来的是精神，那么这第二饮带给皎然的是第二次的升华，皎然觉得心灵得到了再一次的洗涤，如同忽然降下的飞雨落洒于轻尘中。这世界上的一切浮华都随雨滴下落，如此心境之下，品味了第三口越州茶的皎然仿佛得到了"道"。

生活中的一切烦恼都已消失，何须苦心费力地破除它呢？品尝到这样美味的茶，如何让人不庆幸；品尝到如此美味的茶，如何让人不神往。皎然想：众人喜爱饮酒，殊不知这酒与茶是全然无法相比的！这喝茶的"道"有谁可以知道呢？只有传说中的仙人丹丘子了解吧。

仅仅三饮之间，皎然内心早已略过千言万语，他随性而至，便有了诗意：

越人遗我剡溪茗，采得金牙爨金鼎。

素瓷雪色缥沫香，何似诸仙琼蕊浆。

一饮涤昏寐，情来朗爽满天地。

再饮清我神，忽如飞雨洒轻尘。

三饮便得道，何须苦心破烦恼。

此物清高世莫知，世人饮酒多自欺。

愁看毕卓瓮间夜，笑向陶潜篱下时。

崔侯啜之意不已，狂歌一曲惊人耳。

孰知茶道全尔真，唯有丹丘得如此。

这首诗记载了皎然这次饮茶的过程，后来人们将其概括为"三饮"之说，最重要的是"茶道"便由此产生了。

皎然从茶品、茶具、煮茶、饮茶、茶情、茶道等方面，完整地勾画出了茶道的形式、意境与神韵。一饮涤昏寐，再饮清我神，三饮便得道的境界，道出了中国茶道的真谛，可比日本人提出"茶道"一词早了八百年。

"一首诗三碗茶"的《饮茶歌诮崔石使君》，成就了剡中新昌成为中国茶道之源头。皎然，茶道之始也。

舜皇云尖记

　　"舜皇云尖"名茶产于嵊州市仙岩乡舜皇山村，舜皇山村产茶历史悠久，最远可追溯到尧舜时代。中国上古时代父系氏族社会后期部落联盟首领——舜，他的经历

与舜皇云尖茶有着不解之缘。仙岩乡舜皇山村，曾有舜皇庙、舜井，相传舜曾至此栖息。宋《剡录》载："县北曰舜皇山，山最崇蠹，岗岭复深，有舜井、井二，在舜皇山。"《剡录·卷四·古奇迹》记有舜井：井二，在舜皇山。井中有蛇，生角。今为沙土所翳。

相传舜年轻的时候对种植作物感兴趣，作物中以茶为甚。舜在自己家的院子前面种了一片茶树，那时候的人们并不懂得如何制茶喝茶，只是将茶叶作为药用。相传舜的父亲瞽瞍是个糊涂透顶的人，在舜的母亲去世后，又娶了一个妻子，并生了一个儿子。父亲喜欢后妻的儿子，总想杀死舜，遇到小过失就要严厉惩罚他。

有一次，舜爬到粮仓顶上去涂泥巴，父亲就在下面放火焚烧粮仓，但舜借助两个斗笠保护自己，从粮仓上跳下来逃走了。后来，父亲又让舜去挖井，舜事先在井壁上凿出一条通往别处的暗道。挖井挖到深处时，父亲和弟弟一起往井里倒土，想活埋舜，但舜又从暗道逃走了。

　　他逃到了一个不知名的村子，这里的村民待他十分热情，这让他感受到了人情温暖。为了躲开父亲的追杀，舜在村子里住了下来，他在自己居住的小破庙前也种了一片茶树。有一次他用釜煮水，恰巧有几片茶叶子飘落进来，使釜里的水变成黄绿色，他喝了一点釜里的汤水，却惊奇地发现，这黄绿色的水味道清香，竟是一味不可多得的药材。经过长期发掘，他发现这种植物具有解渴生津、提神醒脑和利尿解毒的作用。

　　于是舜带领当地的村民大量种植茶叶、粮食作物等。村民们渐渐富裕起来，而舜却悄然离开了，

他回到家后不计前嫌，还像以前一样侍奉父亲、友爱弟弟。后来他的美名远扬，尧帝知道后，就把两个女儿嫁给他，并让位于他，天下人都归服于舜。其栖息之处曾建有舜皇庙，种植了大片的茶树，庙内天井中有两眼井，被称为舜井。井水常年不枯，村民多到此汲水，代代用这井水灌溉，茶树被人们一代代地种植下来，成了嵊县的舜皇云尖茶。

舜皇云尖具有外形扁平、挺直光洁、肥嫩均匀、色泽糙米黄、滋味鲜爽、香气馥郁、汤色清绿、叶底匀嫩明亮等特征，在后世深受茶商青睐。

芳华铸刬茗

　　在四明山的支脉覆卮山半山腰上，有个前岗村。覆卮山气候温和，雨量充沛，土地肥沃，雾露蒙密，夕阳早落，晨曦晚照。山上古木庇荫，猛兽时有出没。当地

村民描述前岗村的地形:"前岗大岭头,走路碰鼻头,云雾绕山头,老虎蹲岩头。"

优越的自然环境,为出产名茶提供了良好的条件。前岗辉白非物质文化遗产代表性传承人俞芳华也是在这样的环境中受到滋养成长起来的。在"茶人"俞芳华的内心深处,最割舍不下的就是茶。是茶,让他拥有了丰厚的人生阅历,让他走向山外的世界。

俞芳华从小在充满着茶文化的家庭长大,在他童年的记忆里,每天的生活几乎都与茶有关。那时,每至茶季,家家户户忙于采茶制茶,俞芳华常常细心观察父亲炒制茶叶。一芽二叶的嫩茶,经过父亲粗糙大掌的细揉慢捻,渐渐收缩起修长的身姿,演变为一颗颗饱满细润的茶粒。每当这个时候,他总是忍不住自己的好奇心,搬个小板凳学着父亲那样细揉慢捻，但奈何年纪尚小力气不够，看着茶叶在自己指尖落下平躺在锅里不动声色，一张小脸涨得通红。

高中毕业后，与许多不甘平庸的年轻人一样，俞芳华离开家乡外出闯荡。尽管生活几经风雨，几经沉浮，但在他的内心深处，总有一份挥之不去的情感。成年后，由于在家里耳濡目染，俞芳华的制茶技艺日趋娴熟，对于炒茶的工序更是得心应手，了然于胸。只可惜，这些通宵达旦、精心炒制的茶叶，却吸引不了多少人的关注，更改变不了大山农民的生活。他一直苦苦思考着，拥有辉煌历史的茶叶品牌，为何衰退至此？这颗覆卮山中的绿色珍珠，如何才能重振昔日雄风？

1970 年到 1979 年间，在农林局的指导下，因遭战乱曾一度失传的前岗辉白试制成功后恢复批量

生产。二十八岁那一年，俞芳华背着厚厚的行囊回到前岗重新创业。他发现，那些坚守故土的茶农已经无法承受茶叶没有销路的事实，家庭工厂纷纷倒闭，漫山的茶园大面积荒废。他还发现，茶农们很少知道前岗辉白的历史，甚至鲜有提及这个名字。他对自己立下了誓言："一定要把'前岗辉白'打响，完善制作工艺，并广而推之。"

只要做好茶叶品牌，效益就一定会好起来，茶农的生活也会像辉白茶一样，韵味无穷。明确目标后，俞芳华开始付诸行动。他承包了三百亩荒山，开辟其中一块作为茶叶试验基地，并正式注册商标"前岗辉白"，开始行走于前岗辉白的技艺传承与创牌之路。

他的足迹踏遍了覆卮山的每个角落，而后一头扎进自己承包的茶园。制作前岗辉白茶，容不得丝毫的懈怠和马虎。前岗辉白在外表上表现为形如绣球、盘花卷曲、整洁匀净、色绿起霜；在内质上显现为滋味醇厚清爽、香气馥郁持久。然而，又有谁知这色、香、味俱佳的成品茶，一试便是几年。

这些年，俞芳华几乎将所有的积蓄都投入前岗辉白的品牌创建之中。除了提升自身学问之外，还要进行广泛的传播与宣传。为了拓宽销售渠道，他除了成立公司，还开出了前岗辉白专卖店，作为打响品牌的窗口。同时，他积极向上级争取项目，先后为前岗辉白争取了"非物质文化遗产项目""浙江省著名商标""百年老字号"等称号。

前岗辉白的前程，注定不凡。

至味乌牛早

乌牛早茶是我国古代的名茶，曾经失传数百年，后引进嵊州。乌牛早有着独特的名称，而这名称也是大有来头。

传说北宋茶学家蔡襄在担任泉州太守

期间，为了母亲的心愿，想在泉州造一座洛阳桥。蔡襄是个清官，依靠做官的俸禄根本无法完成母亲的心愿，苦于无钱建桥，他为此十分犯愁，终日愁眉苦脸，精神不振。

恰巧南海观世音菩萨从普陀山到来泉州，听闻蔡襄犯愁的事，决心帮助蔡襄。于是她变出一叶扁舟，化作一位容貌上乘、气质清雅高贵的绝世美女站立于舟中，在舟上立着一块招牌，招牌上字样大致意思为：若是有谁将银锭掷中此女身上，此女即以身相许。消息一经传出，引得无数官宦富豪子弟争相投银，一时间银锭纷纷坠落，热闹非凡。

就在这时，那"八仙"之一的吕洞宾经过此地，一眼便认出观音来。见此景觉得好笑，有意为难观音，便化作一位翩翩少年，不偏不倚将一块银锭牢牢贴在"美人"身上，周围的百姓一片唏嘘。

　　观音顿时知晓是吕洞宾在戏耍她，却又不好在凡间发作，一怒之下飞回普陀，一夜之间气白了头，变成了一位白发苍苍的老婆婆。吕洞宾见此内心十分愧疚，自己又无力回天，便将此事告知西天如来佛祖，以求一方使观音消气。佛祖知晓此事原委轻笑一声，便命人赐给吕洞宾一株仙茶，让他带着这株仙茶到观音门前谢罪。佛祖所赐仙茶清香扑鼻，吕洞宾嗅之心旷神怡，他连忙将此仙茶带给了观音以此谢罪。观音拿到这株仙茶，仅摘三片嫩叶，用普陀山泉水冲泡饮之，顿时白发转黑。观音见此茶如此神妙，遂将仙茶栽在普陀山的紫竹林中。

　　到了第二年清明时节，一头来路不明的仙牛闯入紫竹林，见到仙茶树上长出的芽苞嫩绿且散发清香，张口来嚼，被观音发觉后，仙牛便衔茶而逃。观音紧追不舍，一直追到风景秀丽的瓯江口北岸永嘉县境内楠溪江畔。观音见此地青山秀水，绿树葱茏，正是栽培仙茶的好地方，便将仙牛打落云头，仙牛和茶树都落在了瓯江口北岸。她在仙茶上洒上甘露，第二天早晨这里就生出一片茶树林，仙茶从此便在层峦之中生根发芽，后来人们就将这里称作乌牛镇。

直到今天，每当瓯江落潮时节，这头仙牛还能露出江面，当地百姓称之为"乌牛"（在现永嘉县乌牛镇）。这株仙茶衍生的茶树，也比其他茶树发芽早一个月左右，得名乌牛早茶。乌牛早茶外形扁平挺直，条紧显毫，色泽绿翠光润，香气浓郁持久，滋味甘醇鲜爽，汤色嫩绿明亮，叶底翠绿肥壮，匀齐成朵。乌牛早芽叶肥壮，形如雀舌。此茶曾经失传数百年，后重新得到恢复，成为嵊州名茶之一。

四明金钟茶

四明山日出

清代乾隆、嘉庆年间，嵊州棠头溪村出了一位田园诗人，他就是吴金声。民国《嵊县志》"艺文志"中收录了他的许多诗词。有一年吴金声为准备参加秋试，从杨云津先生游学省城。就在夏末，忽然听到家母病危的消息，连夜赶回家中，见母亲已逝，心中大恸，错过了秋试。不久父亲亦过世。虽吴金声有副贡之资格，候选直隶州州判，但他无意仕途，在家过着耕读传家、吟诗自娱的生活，时而同友人寄情山水。

四明山绵亘于嵊州、上虞、余姚、慈溪、奉化等市，有二百八十峰，四面形胜，道书称第九洞天，为名士隐居之地。历代诗人多有诗咏，寻访者络绎不绝。石屋禅院因院右有一天然石屋而得名，又因院左峭壁有朱书"佛"字而俗称"红佛寺"。

乾隆五十三年（1788），吴金声因对四明山石屋禅院好奇已久，便与友人欣然同游四明山石屋禅院。红佛寺位于四明山腹地的小山坳中，两人到了山麓遇到了红佛寺的僧侣，便向他打听红佛寺的由来。僧侣笑答道："这红佛寺，古时称作'月窝'，

原名石屋禅院，俗称大石屋，寺前有将军岩、白龙潭、寒岩诸胜。山下华丰村，旧称府基，俗称阁老府，传为明马士英避难之所。石屋也称'了真洞'，早年红佛寺未重修时，去高山一带的行人或上山砍柴的农民，时常在石屋中遮风避雨。"僧侣还提起，"石屋前那棵大茶树，是镇寺之宝，被上山求神拜佛者视作灵丹妙药。四周存有众多小茶树，清香异常。寺前一棵两人合抱的珍稀金钱树，初夏开花，秋天结果，果形如铜钱，内方外圆，一串八钱，甚为奇妙"。

三人说话间，走到了红佛寺前，吴金声一眼便看到了那棵大茶树，禅院四周随处可见野生茶树。僧侣招待二人进寺休息，为二人泡茶，二人闻这茶清香四溢，品之唇齿留香，且此茶还具清神醒脑之用。吴金声不禁问道："不知此绝味出自何处，名为何？"僧侣说："此茶便出自寺前的野生茶树，贫僧用自己焙炒的茶叶来招待贵宾，引用四明山麓的清泉泡制，香味更是妙绝。"该茶因附近有金钟寺而得名金钟茶，外形条索肥紧略弯曲、白毫显露，色泽绿润，滋味鲜醇爽口，汤色嫩绿清明，叶底肥嫩成朵、匀齐明亮。直至现在，当地村民仍保留着每年谷雨前上山采摘野生茶树鲜叶，精心焙炒后储藏起来以招待客人的习惯。

吴金声品味了僧侣泡制的茶后，便念念不忘，并于二十一年后回忆这一次游踪，泼墨写下《游四明山石屋禅院记》详细记述此处秀色美景：

　　　山麓有小涧，涧中乱石架叠。水从石隙中流，清可鉴发。

　　　· · · · · · · · · · ·

山右一径可通，上为"金钟寺"。

．．．．．．．．．．．．

院东西皆有涧，合流于前，僧架竹引之入院，冬夏不涸，清冽异常，西涧尤胜。

．．．．．．．．．．．．

黎明四顾微茫，满山为云气所裹，俄而日出海上，观之极奇。

乾隆品桂岩

　　乾隆皇帝是中国历史上实际执掌国家最高权力时间最长的皇帝，也是中国历史上最长寿的皇帝。他也是一位茶人皇帝，对茶有着别样的痴迷，他一生中创作的与

茶有关的诗歌数以百计，这在历代皇帝甚至茶人中都是不多见的。乾隆皇帝屡下江南，也多次到茶区观摩作诗。乾隆下江南时，特地去崇仁镇五龙寺品尝贡茶，桂岩雾尖就是其中之一。

相传乾隆在决定让出皇位给嘉庆时，一位老臣惋惜地劝谏道："国不可一日无君啊！"一生热爱品茶的乾隆帝却端起御案上的一杯茶，说："君不可一日无茶。"这可能是他的一句玩笑话，但后人猜测或是"我应该退休闲饮"之意，或是兼而有之。乾隆在茶事中，以帝王之尊，穷奢极欲，备求精工，什么排场都做得到。在清朝，王公们普遍追求奢华、珍奇的茶具，而乾隆皇帝却不以为然，在他看来，在茶的世界中，淡泊才是真。由此他发出了内心的感叹《试茗》：

云馆邀闲客，雨前试茗芽。湘炉雪融乳，越椀月分华。

雅是清供具，宁须奇品夸。雕几贵寓意，淡泊以为嘉。

乾隆在诗中强调清雅反对奢靡。该诗看起来不太像是帝王御制之作，却是一个茶痴皇帝对茶的执着。他首倡在重华宫举行的茶宴，豪华隆重，极为讲究。徐珂《清稗类钞》记载："乾隆中，元旦后三日，钦点王公大臣之能诗者，宴会于重华宫，演剧赐茶，命仿柏梁体联句，以记其盛，复当席御诗二章，命诸臣和之，岁以为常。"乾隆还规定：凡举行宴会，必须茶在酒前。这对于极为重视先后顺序的国人来说，其意义是很大的。

乾隆年间，皇帝的喜好举国皆知，由于大家都

想喝到最早的一批春芽，致使采摘时间一再提前，给皇帝的贡茶更是越早越好。崇仁镇生产名茶，宋代《剡录》中所提及剡地的十种名茶中就有崇仁生产的真如茶和五龙茶。崇仁镇五龙寺曾制作过贡茶，以一芽二、三叶初展为原料，加工精细，成茶盘花卷曲。桂岩雾尖产于嵊州市崇仁镇应桂岩村，就是给皇帝的贡茶。

嵊县的地方官们看到皇帝在江南对茶的喜爱，便每逢新春就早早地将茶采制出来直送皇宫。然而对于这样的做法，乾隆皇帝却偏偏不买账，而且很不喜欢。乾隆说："贡茶只为太求先，品以新称味未全。为学因思在精熟，大都欲速戒应然。"清代民间关于采春茶有句名谚："早采三天是个宝，晚采三天是个草。"由此可见春茶采摘对时间要求之高，刚过春分就开始采茶，茶芽太过细嫩，内含物显然不多，所以味道淡薄。只有到了清明或者谷雨时节，采下来的嫩芽才会清香有味，堪称佳茗。一味求早求新，反不为妙，过犹不及。乾隆皇帝反对这么早采茶，除了品饮上的考虑外，还有其他的考虑。当时，官员们为了能在御前邀宠，督造贡茶时过分地求精求早，催逼百姓太甚，大大加重了茶区农民的负担。因此乾隆几次下江南，通过深入茶产地，了解了茶农的劳苦。

桂岩雾尖，茶叶以村名命名，其外形扁平光滑，色绿带黄，香高味浓，汤色清澈明亮，叶底匀齐成朵。此茶以其出色的外观、绝佳的口感，深得乾隆以及后世人的喜爱，直至今日仍然畅销。

千里故乡茶

赵抃，宋朝官员，在绍兴越州任刺史，办事果断，不畏权势，人称"铁面御史"。他平生最爱越地的卧龙山茶，卧龙山茶又称"龙山瑞草"，诗人杜牧也曾经

称赞此茶为"茶中魁首"。卧龙山茶生长于卧龙山，卧龙山的山势盘旋回绕，曲曲折折，远远望去犹如一条蜿蜒的卧龙。要登此山，可谓道阻且长呀！即使路过此处，赵抃也只能抬头仰视，心生敬畏之感，叹息自己年迈无力，难以登山采摘，有缘有心却无力呀！每一次都是无奈地离开，眼睁睁地与自己最心爱的茶擦肩而过。

爱而不得的失落与遗憾久久地缠绕在赵抃心中，甚至他连做梦都想着卧龙山茶，唯一的一次邂逅也是在他小时候，父母背着他去山上观赏老百姓采摘卧龙山茶，他自己却从未品尝过。"哎，难道这辈子我就真的与卧龙山茶无缘了吗？"赵抃既不甘心又万分沮丧，卧龙山茶就像他心中的一个结，难以解开。

"赵大人，有人给您来信，请您查收！"门卫小

吏突然来报。

"咦，奇怪，是谁无故写信给我呢？"赵抃一边纳闷，一边思索着，身为大宋朝铁面无私的清官，好像自己平时也不怎么与其他官员来往啊。

赵抃小心翼翼地打开包裹，里面装着一些被碾压定型成饼团状的散茶叶，信上附着一段话：

闻赵公好越地卧龙山茶，现特将采摘
的卧龙山茶赠予赵公，望赵公进用！

友人：许少卿

望着袋中的卧龙山茶，童年看百姓采茶的记忆一点一滴地涌上赵抃的心头：那年寒食节刚过，烟雨消散，暖阳高照，赵抃和父母在山顶的紫玉丛中，看着百姓背着竹篓，戴着斗笠钻进山田间，一抓就是一大把翠绿条形的卧龙山茶，看着一片片饱满鲜嫩的茶芽，有的人甚至等不及，赶紧将新叶翻炒，一篓一篓地翻倒，也有人唱起越地采茶歌，惊动了山间的林鸟……

如愿以偿的赵抃赶紧将友人寄的卧龙山茶倒进锅里烧，沸水腾腾，茶棚外雾气缭绕，锅中翠盈盈的卧龙山茶色泽光润，富有生长在山顶上天然的清新与活力，幽香飘满屋。待到煮罢，喝下这杯千里迢迢送来，满载童年回忆的山茶，虽其味苦，赵抃却感到神清气爽，精神焕发，像是回到了人生的春天，找到了青春的活力，竟忍不住一下子喝了好几杯！因为此茶提神功能甚佳，当晚，赵抃辗转难眠，百感交集：有对友人的不胜感激之情，有对童年美好回忆的感叹，有实现愿望后的欣喜，也饱含着对卧龙山茶的赞叹。

舌底朝朝茶味，眼前处处诗题。当时，茶在社会交往中的地位日渐重要，寄茶人以茶相送，而收茶人，也必须以诗回谢。于是赵抃就写下了著名的《次韵许少卿寄卧龙山茶》：

> 越芽远寄入都时，酬倡珍夸互见诗。
>
> 紫玉丛中观雨脚，翠峰顶上摘云旗。
>
> 啜多思爽都忘寐，吟苦更长了不知。
>
> 想到明年公进用，卧龙春色自迟迟。

此诗不仅仅表达了对卧龙山茶的歌颂，也表达了对友人千里迢迢寄故乡茶的感谢。而卧龙山茶既展现了文人之间深厚的情谊，更让我们发掘出了茶情与诗兴之间的有机统一和日益深入的联系。

扇赌后山茶

　　人们说，品茶如品人生，世上有千百种茶，出自不同的环境，带着不同的口味，就像形形色色的人在各自不同的人生道路上，走过自己的风雨历程，而来自

上虞的后山茶，好似洗尽铅华的隐士，历经风雨却不着风尘，给人以身处繁华，依然自守内心澄明的体悟。

泡一壶后山茶，在它明明白白的茶汤中，依稀看得见上虞后山上的云雾，和一棵棵肃立风中的树木，共同演绎着茶人的动人情怀。

徐渭，字文长，号天池山人、青藤道士，又号田水月。山阴人，明代著名文学家、书画家、戏剧家。是一个文艺上难得的全才、奇才，袁宏道称他为"有明一人"。

徐渭晚年孤独一人，贫病交加，正如他自述，"渭无状，造化太苛猛相逼"，"骨脊肱弱"，"贫而多难"。他一生嗜茶，无日不饮茶，与茶结成终身侣伴。他饮的茶多由友人馈赠供给，每得一茶，欣喜之情溢于言表。一次老友钟元毓赠以"后山茶"，他兴奋之余马上复信："一穷布衣辄得真后山一大筐，其为开府多矣！""开府"即中国名茶蒙山茶，徐渭认为产于浙江上虞后山的后山茶绝不亚于名茶蒙山茶，他的《予与钟公子华石大赌藏钩，钟输，后山茶一斤，予输，写扇十八把》一诗讲了一则有趣的故事。

当时徐渭已七十一岁高龄，家境贫苦，孤独一人，仅以卖书画、藏书过日。一日老友钟公子来访。钟公子名元毓，字廷英，家境豪富，其父曾为知府，公子富才华，慕文长诗画才情，时相过从，两人竟成忘年交。这日，兴致大发，竟至大赌藏钩游戏，并由各人写下字条为凭：徐渭要喝茶，就让钟公子写出，若输则交出后山茶一斤；钟公子喜文长书画，就让徐渭写出，若输就要替他画十八把扇画。赌的结果是，钟公子固然要给徐渭后山茶一斤，徐渭却

也要为他画上十八把扇面。

后山茶系当时名茶，产于上虞后山。明万历《绍兴府志》"山"和"物产"两节中均有说明："县后山，在县署后北城经，其麓产佳茶。""茶，上虞后山茶。"徐渭得到茶很高兴，但当场要立即画十八把扇面却并非易事，他毕竟已是七十一岁的老人了，结果画得他口焦唇燥喉干舌涩，两臂酸痛腰间无力，大约画到最后，确实没力气了，就只好对钟公子说："你的茶契我烧了吧，我的扇债你也免了吧！"

这个以扇赌茶的游戏最后以有趣的求饶作结，真是风雅得可以，足见徐渭为得到佳茗是多么不顾一切。

据悉，后山茶正从规模、品种、工艺、品牌等方面进行同步升级，通过扩大现有茶产业规模、引进浙江龙游黄茶"中黄３号"、提升茶叶制作工艺、增加茶叶品种，重塑后山茶品牌。

让后山茶走出去、品牌响起来，让后山茶产业不断发展壮大、助农增收，打造出生态后山、茶旅后山。

韩铣后山茶

韩铣，上虞人，出守荆门州，官终韶山府同知。弘历年间，皇帝准许他回家探亲访友，于是，韩铣卸下了繁重的官文案牍，一身轻松自在，归心似箭，踏上了归

乡的路途。

来到惠丰，韩铣不经意间路过一座寺庙，于是决定游寺息心。山中的僧人供上新茶，招待客人。一进寺庙，韩铣就闻到满屋清香，仿佛置身于云雾中，有种飘飘欲仙的快感。僧人冲泡之后，韩铣望着鲜嫩的茶叶突然变得明亮起来，形状似雪龙，汤气夹杂自水面缓缓上升，如同蒸发的云雾。心中满怀着好奇与惊讶，韩铣问起僧人："这是什么茶，竟如此之香？"僧人端起一杯茶，说："这是后山茶，俗称云雾茶，罗岩山上的茶则味更佳，请贵客细细品尝。""我曾经在惠丰这么多年，竟从未发现原来故乡有如此上等的好茶！今日定要畅饮，品出一番滋味来！"然后，韩铣便跟山中僧人畅聊饮茶，好不惬意。

喝了一口，韩铣感觉一身更加舒坦，不仅仅沁

神解渴，而且思绪飞扬，此时的他，觉得自己就像一只鸟儿，张开双翼，凭借着清风之力，翱翔于蓬蒿之间，此乃后山茶一大功效！为官十几年，韩铣每日勤勤恳恳，常常秉烛办公，可谓呕心沥血，因此，时感疲倦不堪。可这一口茶，让他十分尽兴地发出感叹：原来这后山竟然藏了如此神奇的一种茶！好久都没有如此精神倍增过！

此时的韩铣，意气风发，后山茶的香气久久地缭绕在他的心中，品后更是口留余香，嫩香持久，让他忘记了官场的疲惫、世间的烂俗之物。离开寺庙后，他多想把这一缕后山茶的清香永远贮藏在心中。他多想，待到以后累了，倦了，有人再递上一杯匀整翠绿、香味悠长的后山茶，以此缓解疲劳之身。

香味易逝，这让韩铣既留恋又惋惜。为了保留饮茶后所有美好愉悦的感受，他写下了经典的《后山茶诗》：

> 谁说后山别有春，金芽带露摘来新。
>
> 鸦山入谱香难并，鸟咀虚名味莫伦。
>
> 数片漫煎消酒喝，一瓯轻泛沁诗神。
>
> 我来受罢山僧供，两腋清风欲奋身。

韩铣与后山茶的缘分可能就是一次擦肩而过，但是他的《后山茶诗》却被后人一直传颂下来。也许，他品味后山茶的那一瞬是短暂的，但是他对后山茶的好奇与赞叹、怀念与喜爱都流露在此诗的一言一语之中，那是亘古不变的至情至深啊！

绍兴富盛茶

　　绍兴富盛虎龙山的山顶上有一处地方，名字叫作"天鹅孵蛋"。每年的采茶季节，村民都会上山去采茶，采摘来的茶叶，一般都不去卖，而是用自创的制茶方

法在自家的铁锅上烘焙，制好的茶叶自己享用或用来招待远方的亲朋好友。此茶，茶香扑鼻，茶味鲜醇，清汤绿叶，与众不同，深受当地村民的喜爱。

富盛茶叶外形细紧，茸毫披露，显芽锋，汤色明亮，香气清高，滋味醇爽，叶底嫩绿明亮；大叶种制的，外形较肥壮，显露毫尖，色泽较黄或暗绿，香味较厚实，叶底肥嫩露芽。富盛茶中含有维生素、蛋白质、芳香族和多酚类化合物，能散发出芳香，助人愉快。肥壮扁形成条，银毫遍布全叶，色泽黄绿透翠，叶底绿中呈黄，沏泡后即还其茶芽之原形，汤色碧绿如茵，清澈甘爽明亮，旗枪交错杯中，香气芬芳扑鼻，清高幽远鲜爽，品茗滋味醇和，饮后有回甜，香流齿颊间，清妙不可言。

关于富盛茶还有一个美丽的传说。

相传很久以前，有一位美丽的天鹅仙子耐不住

天上的寂寞。有一天，她偷偷跑出来游玩，来到了人间，她看到有一座山的山顶，地势开阔，绿草遍地，鲜花盛开，成群的蝴蝶在花草丛中飞舞，这一景象给仙子留下了深刻的印象，她久久伫立不愿离去。

后来这位天鹅仙子一有机会，就会偷偷地跑来这里玩。山下有一个放牛娃，时常去山上砍柴。有一天，他忽然发现鲜花丛中有一位漂亮的姑娘在跳舞，便停下手中的柴刀好奇地观看。他只看到眼前的花草树木黄了又绿，绿了又黄，也没在意太阳西下。放牛娃看得累了，想转身回去。可他却发现手中的柴刀早已生锈了，原来他在山上待了一天，山下时间却过去了几百年。天鹅仙子跳完一支舞后转头就看见了放牛娃，见放牛娃长得俊美便对他一见钟情，两人就这样陷入了爱河，于是就结为了夫妻。不久以后，他们便有了爱情的结晶——小天鹅。

　　因为要生存，天鹅仙子从蓬莱岛上摘来了仙草，叫放牛娃在山顶上插种，说是可以做药去卖。于是山上一大片都是放牛娃种植的仙草。放牛娃拿着采摘来的仙草到集市上去卖，人们喝了仙草泡制的水都赞不绝口，个个身轻体健，面色红润，疾病也少了。这仙草就是现在当地村民在山顶上采摘的茶叶。上天看到天鹅仙子在人间积德行善，便让放牛娃也成了仙人。

　　据说，天气好的时候，附近的村民还能隐隐约约看见山顶上成群的小天鹅围着两只大天鹅在嬉戏。

　　凭借着这山上的茶叶，当地的富盛镇红山村就开始做起了茶叶生意，办起了茶园。每年春天，都会有上百位茶农在这里采摘春茶。而红山村也因为富盛茶名声大噪，当地其他生意人也纷纷转为茶商做起了茶的买卖。

古虞凤鸣茶

　　凤鸣茶是用一芽二叶明前嫩叶精制而成的，外形卷曲盘花，色泽翠绿，嫩香清高，滋味鲜嫩，回味甘爽，具有浓郁的高山茶特点，被我国茶叶专家沈培和先生誉

为"国内第三代大众型名茶"。

据传,魏伯阳是一位特别有名的东汉炼丹术家,号称云牙子,会稽上虞(今浙江绍兴市上虞区)人,出身名门贵族,家族中接连几代都有人做高官。魏伯阳通晓纬度气候,是一位朴素的人,当官对他来说,就如同没有价值的东西。由于生活环境的原因,他自幼就受到正统的儒家思想教育,同时接受了流传在民间的神仙丹术思想,因此魏伯阳喜爱道术,不愿做官,喜欢避人独居,修养身心,涵养天性。

东汉战争时期,大多数有学问和有道德的人都不想做官,想要隐居深山,摸索保命全身之术。

魏伯阳天资聪颖,读书不在话下,更精通儒家思想与道家修养。相传魏伯阳从丰惠天庆观来到凤鸣山炼丹著书的日子里,时常感到生活枯燥无味,

便经常邀请一些好友步行去凤鸣山一起饮酒观梅。观梅亭下,春天梅花盛开,一片雪白,纤细的花蕊,玉白色的花瓣,满山遍野都飘散着清幽的梅花香气,令人心生欢喜。于是魏伯阳和他的朋友们便经常相约观梅亭,欣赏玉白色的梅花。而这个观梅亭也因为魏伯阳的到来被后人称为魏公饮酒亭。

有一次,酒正喝得起劲,魏伯阳的一个朋友竟然饮起了茶,魏伯阳微微皱眉,笑着说道:"朋友,你这样子就不厚道了啊,大家都在喝酒,你怎么能以茶代酒呢?来来来,罚一杯酒!"朋友不以为然地说:"我倒是觉得啊,在这凤鸣山,赏着凤鸣山的梅花,喝着当地的凤鸣茶才是最为地道的做法。"魏伯阳有些吃惊,他到这个地方这么多时日了,却完全不知道这座山产茶叶,于是魏伯阳的朋友便让下人又沏了一壶凤鸣茶给魏伯阳品尝。魏伯阳端起茶杯轻轻地抿了一口，品尝过后他赞不绝口，说："好梅衬好山，好山产好茶啊。"

到了明代，思想家、诗人黄宗羲去上虞探亲，亲戚泡了凤鸣山茶热情地招待他，黄宗羲慢慢地品着这上虞名茶，紧接着便被这醇香的独特的茶味给吸引了，他禁不住写下了《余姚瀑布茶》一诗：

> 檐溜松风方扫尽，轻阴正是采茶天。
>
> 相邀直上孤峰顶，出市都争谷雨前。
>
> 两筥东西分梗叶，一灯儿女共团圆。
>
> 炒青已到更阑后，犹试新分瀑布泉。

这首诗通过采茶炒青体现出当地人们与茶的联系之深，后来被人们广为传诵。

茶亦醉人，通过品茶，能陶冶情操。色香味俱

全的凤鸣茶，经品评的确令人陶醉，不同凡响，有
道是"茶香把客留，不再挥挥手。"